U0258451

仰望天空的少年，
天空不再遥远。

王燕平　张超　著　　　陈日红　绘

仰望天空的少年

去山野间看云

北京科学技术出版社
100层童书馆

序 从一次仰望开始

对于星空的记忆，人人皆有不同。若粗略进行划分，无外乎有两种。

第一种是成长于乡村的孩子，他们大多对家乡的星空有着深深的眷恋，即便后来游历四方，看过数不胜数的景致，依然认为儿时在家中院落所见，才是此生最美的星空。第二种是从小生活在城市里的孩子，儿时对星空没有太多概念，直到成长中一次偶然的相遇，看见超乎想象的满天繁星。

对前者来说，星空早已化为乡愁；对后者来说，星空则是偶然窥知新世界的满心欢喜。心境各异，殊途同归。从此，有事没事，都喜欢抬头仰望。我即是如此，从一次仰望开始，对天空的迷恋便一发而不可收。

如今，我家有一个少年。

一天傍晚，我们俩走在路上，望见西边天空渐渐涌起不少云，我临时兴起，决定和少年蹲守一场日落。我们骑车奔行二十多分钟，找到一处视野开阔的天桥。跑上天桥的那一刻，太阳将要没入远山。桥上聚集了三十多人，面朝西面偏北的方向，高举手机，齐刷刷地向着落日拍照，不时发出赞叹“哇！”“太美了！”“今天的晚霞能上热搜！”

落日附近，几分钟前还散发着锐利金光的云，此时变成了一片橙红的海洋。云层映着霞光，变幻着色彩，像谁打翻了天空的调色盘。随着时间的流逝，太阳在远山后落得越来越低。西北方，一大片云已经变成了深蓝色，只有紧贴山影处还残留着一道浅橙色。

拍照的人群散去，一位支着三脚架和相机的人还待在原地。两个中年人由桥上走过，其中一人瞥了眼三脚架上的相机，抬头望了望，嘀咕了一句“有什么好看的吗？”，便下桥离开了。

是啊，天空有什么好看的吗？我趁机问身旁的少年。

“晚霞很好看啊。看的时候，时间都变慢了呢。”他不假思索地说。我正打算借题发挥，他忽然兴奋地说：“太阳落下时，一架飞机从那边飞了过去。你看没看见……”随即讲起他最近着迷的飞机，直到进家门时，他还意犹未尽。

我对看云的兴趣，是从什么时候开始的呢？

记得十岁左右时，我经常爬上自家平房的屋顶，看云彩在天空上演“动画片”。停电的夜晚，我会搬个小板凳，坐在院子里，看乌云从月亮前疾速地掠过。年少看云，只是因为好看好玩。但有一回却不同，那是1997年初夏的一天，半下午时，我无意间抬头望天，却发现头顶正上方，有一截色彩异常鲜艳的彩虹。那是什么？我既惊喜又诧异，为此疑惑了许久。

后来，我学了天文学专业，接触了一些气象学知识，才知道那是一道漂亮的环天顶弧，是太阳光照射到高空中无数微小的冰晶上形成的光学现象。年少时的疑惑终于找到了原理和出处。多年谜题揭晓的时刻，心里真是十分开心。

我自知对小冰晶毫不陌生，它们如果越长越大，落到地上，不就是雪嘛。但很快我的这一粗浅认知就被国外一位做引力波研究的教授打破了！我看到他借助显微镜拍摄的雪花照片，令人叹为观止，并且每一张都独一无二！从前书里读到过“世界上没有两片完全一样的雪花”，在那一刻，理解了它的真正含义。

天空就这样，带给我越来越多不期而遇的惊喜。我也逐渐了解到，壮观的天象和其中蕴含的奥秘，曾触发过许多伟大发现的故事。《去天文台看星星》中的法国天文学家查尔斯·梅西叶，因为 14 岁时看到一颗明亮的彗星，后来成了彗星猎人，并最终编制出著名的梅西叶星表；《去山野间看云》中的英国人约翰·康斯太勃尔，以描绘瞬息万变的天空和云彩，成为独树一帜的风景画家；《去北方看雪》中的威尔逊·本特利，十几岁萌发对雪花微观结构的兴趣，之后拍摄雪花显微照片数十年，被后世尊称为“雪花人”。

从偶然的相遇到长久的坚守，兴趣因何长久？好奇心，探索欲，艺术之美的感召，科学发现带来的挑战……每个人都会在其中找到自己的答案。

《仰望天空的少年》这套书是讲给少年的科普故事。三册书的主题分别为星空、云彩和雪花，我们与它们的相遇，就从一次仰望开始。阅读本书的少年，它们会在未来触发你怎样的故事呢？

目录

第一章

身在云中

前方的路上忽然变得白茫茫一片，
大家都感觉有一股湿润的空气扑面而来。

1

是雾还是云

立秋之后，暑热开始慢慢消退，清晨和傍晚的微风以及频繁出现的蓝天白云，都让人感觉秋高气爽的季节正在悄悄接近。对孩子们来说，当务之急是趁暑假还没结束，抓紧时间好好玩。这不，寒星的同学林松已经发来邀约，准备召集几个小伙伴，星期六一起去爬山。

每当有这种游玩的机会，影月就喜欢跟着一起去。同样是爬山，女孩和男孩喜欢玩的“项目”不太一样。巧的是，林松有一个妹妹叫小菠萝，是个活泼开朗的小姑娘。她和影月同班，和影月一样喜欢画画，喜欢小动物，喜欢看展览。于是，大家一起出去玩的时候，就各有各的玩伴，各有各的热闹。

这次爬山，最终一共召集了三个家庭。除了林松和寒星他们两家，还叫上了王东。因为工作原因，王东的爸爸经常出差，王东妈妈则时不时要去单位加班。对于王东来说，他当然乐得加入寒星他们的队伍一起玩了。

星期六一大早，趁着城市还没睡醒，两辆车就载着他们朝着西边的山里出发了。山路沿着河水一路向上，翻过一座大坝，经过一片波光粼粼的水库，历时两个多小时，来到一座山脚下。这是附近最高的几座山之一，主峰海拔接近 2 千米。

这次爬山十分消耗体力，一路上有很多台阶，一会儿上，一会儿下，反反复复几次之后，大家都感到两腿发软。爬了半个多小时，两个小姑娘受不了开始喊累了。

林松爸爸年轻时喜欢爬山，带过一些自然观察类的亲子活动，所以他应对这种状况很有经验：一方面，要合理调节孩子们的休息节奏，让腿部放松；另一方面，要想办法转移孩子们的注意力，让他们在爬山途中见识一些新鲜事物，这样既能保持心情愉悦，也不会感到过于劳累。

“孩子们，在这儿集合一下。今天的爬山活动，咱们增加一个小小的比赛，一路上我会给你们介绍一些动植物的名称，等到下山的时候再来考考你们，看谁记住得多。第一名有特别奖哟。后几名呢？有参与奖！”

“爸爸，我怎么没看见你提前准备礼物呀？”小菠萝好奇地问。

“肯定是趁你们晚上睡觉的时候准备的。”影月悄悄对小菠萝说。

“嗨，要搞比赛，那必须有备而来。咱们先来看第一个好东西，看这儿，”顺着林松爸爸手指的方向，孩子们一瞧，哟，原来是一根细长的茎上挂着七八朵紫色花的植物，像一串铃铛，样子很别致。

“会不会是紫色铃兰？”寒星想起以前在一座山上见过像白色小铃铛般的铃兰花，不知道有没有紫色的，他索性大胆地猜猜试试。

“有点儿接近，不过长得形似铃铛的花有很多。这株植物是一种沙参。”

随后，林松爸爸介绍了一些和沙参有关的植物学知识。不过，最让孩子们印象深刻的，是听林松爸爸说沙参的根会被一些人挖出来炖鸡汤食用。

大家一路认识各种野花和毛茸茸的可爱熊蜂，品尝酸酸甜甜的小浆果，不知不觉间，太阳就越过了头顶。

“咱们就在那儿野餐吧！”男孩们远远地发现了山路旁有一个凉棚，便全都飞快地跑了过去。

海拔已经很高了。天边飘着一些云，看上去似乎跟凉棚的位置一样高。在高处的天空中还有些云丝丝缕缕铺展成层。山间则弥漫着一些说不清是云气还是雾气的东西。

就在他们野餐完毕准备继续往前进发时，一件神奇的事情发生了！前方的路上忽然变得白茫茫一片，大家都感觉有一股湿润的空气扑面而来，脸上顿时变得凉丝丝的，周围的草木也朦胧起来，远处的山整个被遮住了，恍如置身一个人间仙境。

孩子们一阵惊呼。男孩们脑洞大开，对这个奇异的现象争论不休。影月和小菠萝则不约而同地伸出了手，让手掌充分接触湿乎乎的空气。大人也沉浸在眼前的景象中。这突然飘来的像雾又像云的东西是什么呢？

在这亦真亦幻的场景中，传来寒星爸爸异常响亮的声音："各位，欢迎体验云中漫步！"

"什么？这真的是云？"

"我们进到云里了吗？"

大家纷纷表示难以置信。

“是啊，这是山地地形造就的云，叫地形层云。层云，是所有云彩里高度最低的一种。有时候，我们形容一些建筑物很高，会说它高耸入云。实际上，高楼的顶部确实容易隐进云里，遮住楼顶的那种云就是层云。”寒星爸爸详细解释道。

“我们以前在一个很高的旋转餐厅里吃饭，那天餐厅的玻璃外面也像这样，白茫茫一片。我们还以为是雾呢。”林松说。

“雾的形成与空中的层云是不一样的，它通常出现在地表或者水面附近。咱们现在能遇到这种层云，要感谢这片山坡。另外，也因为爬到一定高度了，要是咱们还在山脚下，恐怕就体验不了云中漫步啦。”寒星爸爸开心地说。

“不可思议！”“最低的云竟然这么低。那最高的云呢？”……孩子们的好奇心被调动起来了，他们七嘴八舌地议论了起来。

“咱们边走边说。大家注意安全，看着脚下，放慢速度。”寒星爸爸说着，带领大家慢慢朝“仙境”深处走去。

2

云彩有多高

要想感受不同的云所在的高度，最直观的方法之一是坐飞机。坐飞机升空的过程，就像搭乘空中直梯。从地面起飞到最终民航飞机在空中平稳飞行，通常要抬升一万多米的高度。如果不是大晴天，抬升过程中就会遇到各个高度的云层。离地面比较近的云和高空中的云，外观与组分都不一样。

我们在地球上看到的云，都在天空中多高的位置呢？

在汉语中，有个成语叫“九霄云外”，意思是在九重云天之外，形容非常高、非常远的地方。“九”是一位数中最大的数，所以，“九重天”就是最高最远的天。巧的是，英语中有一个词组，叫“on cloud nine”，字面意思是：在 9 号云彩之上，用来形容一个人感到特别高兴和特别开心的状态。

这 9 号云是什么云呢？

1896 年，法国巴黎举办了一次国际气象大会[①]。会议创立了云彩分类的官方全球标准，把云彩按照高度划分为十个大类，每一类对应一个阿拉伯数字编号，最小是 0 号，最大是 9 号。其中，9 号云指的是积雨云，这种云的顶部距离地面 3 千米到 8 千米。所以，“on cloud nine” 就是指身处天空中最高的地方，心情自然分外舒畅。

我们把地球周围的大气层按照距离地面的高度划分成层，从地面起一直到高 10 千米，叫对流层；从高度 10 千米到 50 千米，叫平流层；从 50 千米到 80 千米，叫中间层；再往上是热层和散逸层。

我们日常所见的云，绝大多数都位于对流层中。它们有的离地面不远，有的在对流层顶附近。比较特别的是积雨云，有的积雨云底部距离地面不到 1 千米，顶部却能达到 10 千米以上的高度。

在对流层中，高空的气温非常低，那里的云往往由冰晶组成；中等高度的云，绝大多数由小水滴组成，也有少部分云的顶部会包含一些小冰晶；距离地面比较近的云，通常由小水滴组成，但也并不绝对，严寒地区低空的云里也可能富含冰晶，甚至可能带来降雪。

3

下雨的云

下午的时候，孩子们已经在山上认识了不少开花的植物，比如银莲花、蓝盆花等。他们还在白桦树林里捡了一些脱落的白桦树皮。在一片草甸上，大家躺着欣赏天空上演的“风起云涌”剧目——那是夏秋季天空中最可爱的积云在剧烈升腾。大家对着天空指指点点，比拟着自己心中的云彩模样。

“那个好像一只乌龟呀。”影月指着东边的一处天空说。

“哪儿呢？”小菠萝睁大眼睛找来找去。

“在那儿，不过现在已经变成大馒头了。”仿佛就在一眨眼的工夫，形状就发生了变化。

“你看那朵云像什么？”林松指向南边的一片云。

“有点儿像蘑菇？”寒星说。

“我觉得更像面包。哎呀，我饿了！”王东摸了摸自己的肚子。

几个人开始商量下山后要美餐一顿，没有注意到头顶的天空正变得越来越阴沉。

汽车下山开到盘山道上时，有一段路变得白茫茫的。车子缓缓往下开，等周围的景象变得清晰了，大家扭头一看，刚才那段路整个被白色的云气遮挡住了。这时，寒星妈妈的手机里传来一条消息提醒，她瞅了一眼，跟大家说：“气象局发预报了，过会儿要下雨。”

“这个时间还有人上山呢？不知道是不是打算夜宿。要是赶上下雨，可够艰苦的。跟城市比，山里的天气变化多，也变化快。咱们还是快点儿下山吧。”寒星爸爸说。

不一会儿，车子开到了山脚下，寒星忽然注意到，在北边天空中，灰蓝色的云层下方出现了一些奇怪的形状，乍一看，像云彩底部挂着一个个颜色略深的小圆球。他逗妹妹说：“影月，快看，天上有你最爱的黑芝麻汤圆。”

影月还是头一次见到这样的云，听哥哥这么一说，口水直要涌出来。不过，她可不是一两岁的小孩子了，天上怎么会有黑芝麻汤圆呢？她想起妈妈刚才说的天气预报，便说：

“妈妈刚才说要下雨，是不是这些汤圆一会儿就会变成雨掉下来呢？”

一旁的妈妈听了兄妹俩的对话哈哈大笑：“开锅等着煮汤圆喽！”

过了一会儿，妈妈对兄妹俩解释说：“这种‘汤圆’叫悬球云，夏天的雷雨前后比较常见。样子嘛，就像云彩底下鼓了好多小包。小包的直径有 1 ～ 2 千米，远比咱们以为的要大。有时候，小包的颜色发暗，就像你们看到的这种黑芝麻汤圆。出现这样的云，说明附近刚刚下过雨。不过，也不一定。如果盯着‘汤圆’看，发现它们正在慢慢消散，说明可能过一会儿要下雨。”

“刚有地方下过雨啦？那是不是要出彩虹了？”影月喜欢画彩虹，但实际看见彩虹的次数并不多，所以她总是对看彩虹充满期待。

“你试着找找看。”爸爸说。

寒星和影月透过车窗往外看了一圈，东南边的天空中，有一些大块状的白云。西边的太阳还没落山，低低的阳光照在那些云彩上，给白云的一侧染上了浅浅的金色和粉色。没有被阳光照亮的部分，颜色略微有些灰暗。

全面扫视一圈后，他们俩一致确定，这会儿天上没有彩虹。

“真扫兴！”影月有些失望。

“这很正常，我也没见过几次。”寒星安慰她。

“彩虹可没大家以为的那么常见，下次下雨的时候再找吧。或者，还有一种办法，你可以在这次的游记里画一道彩虹。只不过画的时候要好好琢磨一下，把它画在天上的什么位置。”正在开车的爸爸提议道。

有一次，爸爸看到影月在一幅春游的画里画了彩虹，同时还在高空中画了一个光芒四射的大太阳。儿童画重在表达，重在想象，不用一五一十地还原自己看到的真实景象。所以，爸爸没有用严格的科学标准去评判那幅画，反而夸赞了那幅画的故事性、趣味性和想象力。但到最后，爸爸还是趁机给影月科普了一下彩虹的知识：“彩虹通常只会在清晨或傍晚出现，不会在正午出现。另外，彩虹在天上的位置是和太阳面对面的。所以，咱们找彩虹的话，也要背对着太阳去找。”

从那时起，影月迷上了在下雨后的天上找彩虹。第一次亲眼看到彩虹的时候，她简直激动得跳了起来。那是在去年夏日傍晚的一天，一场猛烈的雷雨过后，东方天空中出现了两道颜色特别清晰的彩虹。影月拽着妈妈飞奔下楼，一起站在小区门口盯着看，直到那两道彩虹的颜色慢慢变浅，消失不见。

妈妈告诉影月，大家常把这种现象叫“双彩虹”，内圈的那道叫“虹”，外圈的那道叫“霓”，它们各自的颜色排列也不一样。虹的颜色，从外到内是红橙黄绿青蓝紫，霓的颜色排列刚好相反。

为了留住那次难忘的观看彩虹的记忆，影月一回到楼上的房间，便立即在本子上画了起来。

这一次，爸爸提议在爬山游记里画一道彩虹，影月当然很开心，一口答应下来。不过，这会儿还是先别琢磨怎么加彩虹了，影月听见自己的肚子咕咕叫了。

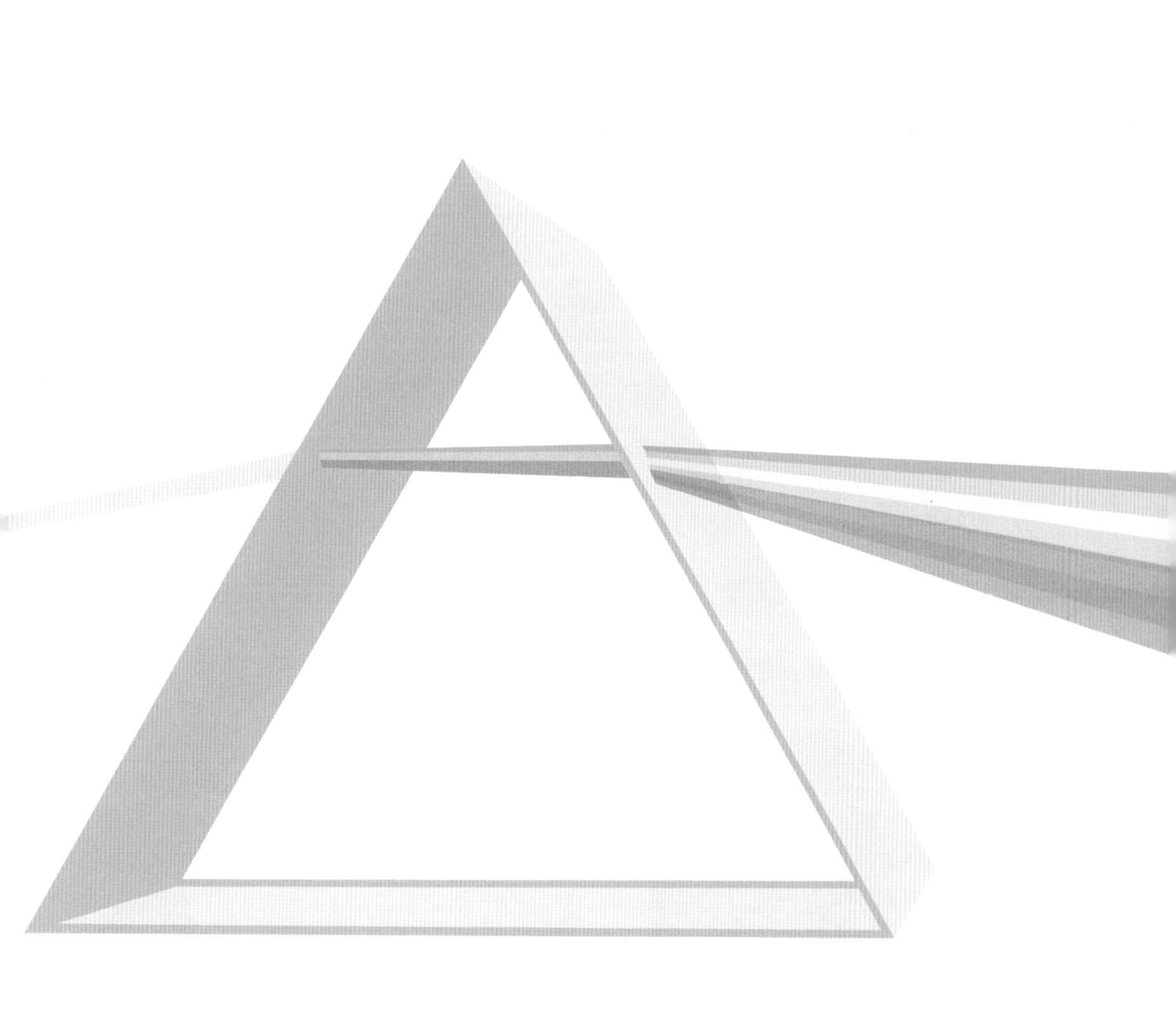

4

真假彩虹

虹和霓，都是太阳光照射到小水滴上产生的。刚下过雨的空中，飘浮着许多小水滴，太阳光一照，在天边就可能出现一道彩虹，或者霓虹，甚至还可能在虹的内部区域出现一些淡淡的彩色条纹。

霓和虹同时出现的时候，两条彩色拱桥之间的天空区域要比周围的天空暗一些。这片区域有一个专门的名字叫亚历山大暗带。

也有这样的时候，在正午前后的太阳下方，或者临近黄昏的头顶正上方，蓝天上出现了一小截容易被误认为“彩虹”的现象。这是怎么回事呢？它们最终被破解了——那是太阳光在和高空中的冰晶变魔法。

出现在我们头顶正上方天空中的“小彩虹”，看上去像个彩色的、笑弯了的嘴巴，这时的太阳通常位于半空中，高空的这道彩色微笑，叫“环天顶弧”，别名“倒彩虹”。靠近太阳的一侧颜色为红色，另一侧为蓝色。

正午前后，太阳比较高，在太阳下方的半空中，横着出现的像是被拉直的一截彩虹，叫“环地平弧”，别名“火彩虹”。它通常比环天顶弧延伸得更长，而且不怎么弯曲。在我国北方，春季到秋季的正午前后，天空中有冰晶云时，很可能就会遇到环地平弧。

出现环天顶弧或环地平弧的时候，天空中不是没有云，而是云比较高，比较薄。高空云中无数的小冰晶飘浮着，在太阳光的照射下发生折射②现象，最终给我们带来各种像彩虹一样好看的光弧。

第二章

云有多少种

人类就像鱼一样，
生活在大气海洋的底部。

1

筋斗云

王东是个西游迷。上次爬山辨认植物名称比赛，他得了第一名，奖品是一本《西游记》立体书，这可太适合他了。他喜欢自己制作《西游记》里的道具，像金箍棒、紧箍咒、芭蕉扇、风火轮，他全都做过。更夸张的是，王东还尝试做过太上老君的八卦炼丹炉。

那天在草甸上看到像面包一样的云朵之后，王东又突发奇想，要做个孙悟空腾云驾雾的筋斗云。在妈妈的帮助下，他缝出了一个像大枕头样子的筋斗云。他兴奋极了，带着它一溜烟跑去了寒星家。

王东刚一进门，影月就盯上了他胳膊下夹着的大枕包，好奇地问："王东哥哥，这是什么呀？"

"孙悟空的筋斗云！"

“那……这个筋斗云能给我玩玩吗？”

“拿去！”

影月抱起筋斗云，在沙发上玩起来。这朵筋斗云，缝制得着实有趣，像古画里的祥云那样有一些卷曲的纹路，还有一个像浪花一样的尾巴尖，筋斗云的套子是白色绒面的，里面装着蓬松的棉花，手感和外观效果都很棒。

寒星妈妈见了，对王东说：“你妈妈的手艺可真好。听说有的大人睡眠不好，如果拿这样的一朵云当枕头，就像躺在云朵上休息，没准儿能放松身心。要不让她考虑一下，开个定制业务？”

“妈妈，你快给阿姨打电话预定一个吧。”影月抱着那朵云，喜欢得不得了，听到妈妈的话，赶紧接了一句。

王东觉得这个提议很有趣，但眼下，他想咨询一个让他好奇了很久的问题。

“阿姨，孙悟空脚底下真的能踩着一朵云吗？什么云这么厉害，能一下子跑十万八千里？”

“哈哈，用科学原理去解释神话故事，这可就稀奇了……”

寒星也忍不住问：“妈妈，没有跑得那么快的云吗？筋斗云是不是虚构出来的？”

“当然！你们了解的筋斗云模样，那是电视剧、动画片里设计出来的，就像这个抱枕一样。天上确实有长得像这样的云，不过，专业术语叫积云。因为看起来像大朵棉桃，也叫做棉花云。”

“另外，云彩能在天上跑多快，不光要看当时的天气条件，还要看是什么云。平均来说，速度跟咱们在城市里看到的小汽车差不多吧，每小时几十公里。孙悟空踩着筋斗云，一个跟头十万八千里，真能这么快的话，那可一下子就飞出太阳系了！想想地球上发射的火箭，你们前几天也看了新闻，发射的时候每秒走多远？也就几千米……”

寒星和王东听得津津有味，似懂非懂。至于影月，她抱着那朵筋斗云抱枕，在沙发上翻来滚去，玩得不亦乐乎。

2

云的分类

长得像棉花团似的积云，平时很容易看到，一朵一朵，边缘清晰，是很多小朋友画画时最爱画的云。积云在天空中的位置不高，属于低云。

天上的云形态各异，高低不同，但它们一直在持续不断地流动、变化。真要分类的话，似乎很难，它们简直可以称得上有无限种。

我国汉代的文字记载中就有描写云彩形态的句子："杓云如绳……钩云如句曲。"到了战国末年，有人尝试根据云的形态对云进行分类，《吕氏春秋》中有："山云草莽，水云鱼鳞，旱云烟火，雨云水波。"

最早对云彩进行系统分类的，是英国一位业余气象学家卢克·霍华德。1802 年，卢克·霍华德设计了一套看似简单的云彩分类系统。在他看来，云彩之所以不断地改变形状，是因为大气中存在一些我们看不见的物理过程。只观察一次，并不足以确定一个新的类别，但是，只要持续进行深入细致的观察，就会发现云彩最基本的形态只有几种。

卢克·霍华德为云彩引入了三个拉丁文名称，译成中文分别是：卷云、积云和层云。卷云指丝丝缕缕的云，积云指一块一块的云，层云指一大片云。这几个词相互组合，又可以用来表示中间状态的云。

1896 年的那次国际气象大会，根据霍华德原创的这个分类，再进行了一些扩充，就形成了云彩分类的官方全球标准。它结合云的高度和主要外观特征，将云彩划分为以下十种云属。

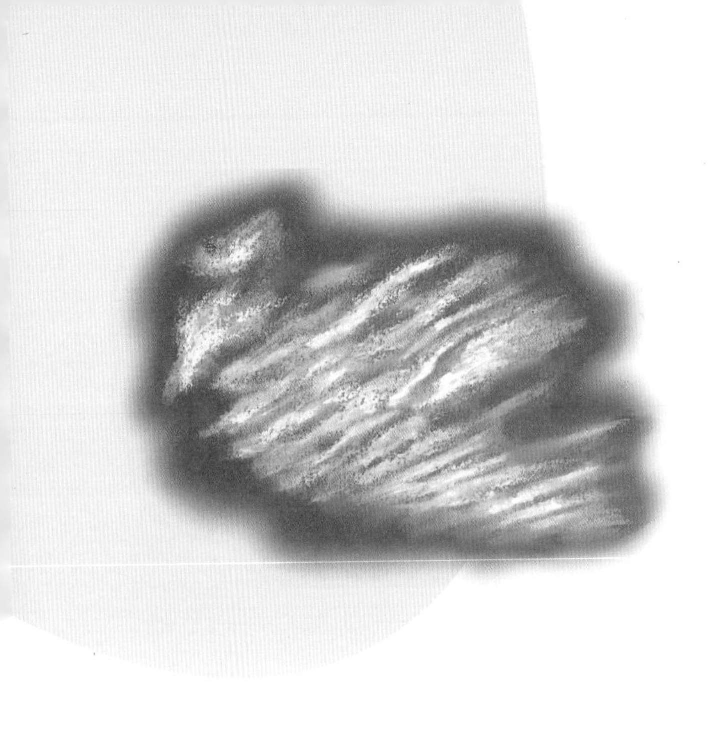

低云族的云（云底距离地面不到 2 千米）：

积云、层积云、层云；

中云族的云（云底距离地面 2~7 千米）：

高积云、高层云；

高云族的云（云底距离地面 5~13.5 千米）：

卷云、卷积云、卷层云。

可跨越多个云族的云：雨层云、积雨云。

十种云属中，有两种是会经常带来降水的，这就是雨层云和积雨云。雨层云往往比较浓厚，且颜色灰暗，通常会带来持续的降水；而积雨云则比较迅猛，容易带来短暂但雨量较大的降雨。

云属的划分并不足以覆盖云彩的多样特征，所以人们又引入了更细的划分方法。经过若干次调整，在 2017 年世界气象组织发布的《国际云图》[3] 中，整个云彩系统被分成了 29 个种类、31 个变种、36 种附属云和附属特征。

这些数字和名称，对于不熟悉它们的人来说，听着难免感到陌生和枯燥。但认识了其中几种之后就会发现：很多云彩都有非常形象且可爱的名字，并不难记。比如下面几种。

荚状云：英国有人认为，这是天空中最奇怪的云，长得像凸透镜似的。有些人看到这种云会联想到飞碟和外星人。有时候，荚状云还会叠摞在一起，法国人给这样的一摞云起了个名字，译成中文是：一堆盘子。

钩状云：这种云的模样像天上画了许多小逗号，或者说像天上打了好多对勾。有人开玩笑说，快考试的人看到这种云肯定高兴，感觉这是考试都能答对的预兆。既然天上有“√”。那有“×”吗？还真有！不过，那种情况通常是因为有两层云，且方向不一样，地面上看它们重叠起来就像很多“×”。

波状云：云彩有时会排列出像水波一样的纹路，像是云层起了涟漪，这就是波状云。有人说，波状云的存在就好像在提醒我们，我们周围的大气层就像一片巨大的海洋。

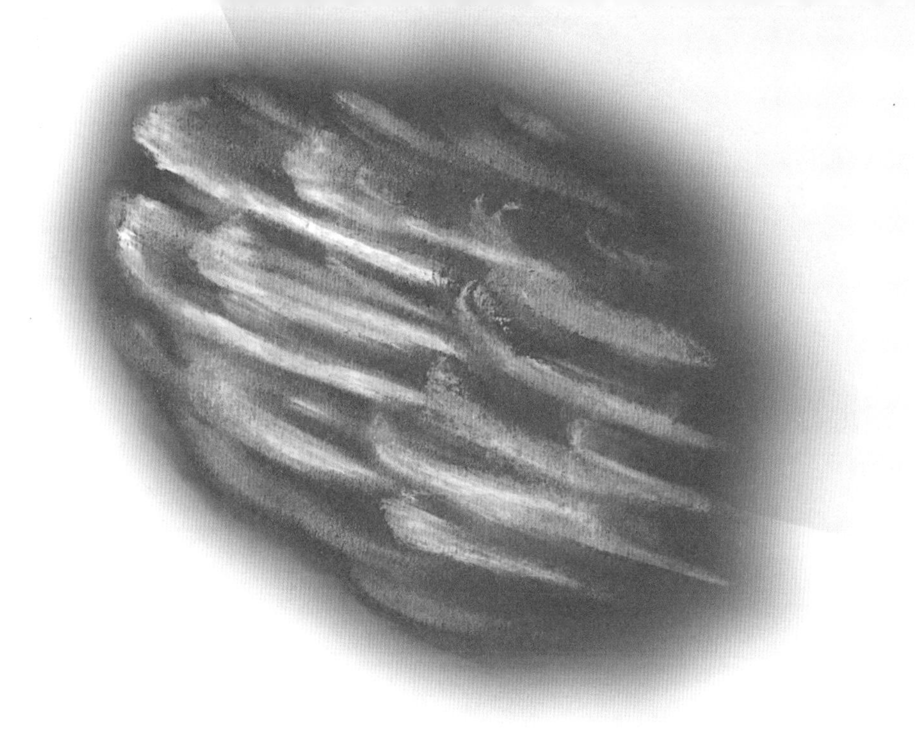

没错，我们地球周围包裹着厚厚的大气层，人类就像鱼一样，生活在大气海洋的底部。我们平时最常见的那些云，都在大气层的对流层中。

那么，对流层之上有云吗？

3

彗星与夜光云

临近暑假，学校里在准备期末复习。寒星爸爸说，最近夜空中新出现了一颗彗星，适合观看的日子就只有几天，让寒星问问王东有没有兴趣一起去看。

有这等好事，王东自然没有丝毫迟疑地答应下来。不过，寒星爸爸周密计算了彗星的高度和亮度，并综合考虑了近期的天气状况后，选定的日子并不在周末。这意味着，大人和孩子都需要牺牲一些睡眠时间。看完彗星，第二天早上还要各自赶去上班和上学。

选定的时间是星期一的半夜，确切地说，是星期二凌晨三点。于是，大人们定好闹钟，夜里两点起来，寒星一家带着王东，开车向郊区的一座山里进发。寒星、影月和王东刚一上车，就听从大人的建议，闭上眼睛，继续睡了。

远离了城市灯光的污染，山里的夜空就像墨蓝色的天鹅绒，平时在城市里看不见的星星，相继在绒布上显现出来，光点变得锐利、清晰。

车子行驶了大约五十分钟后，寒星爸爸看到路边有一片平整的空地，他一边停车一边朝后座方向说“到地方啦，都准备醒一醒啦。”

下车后，寒星爸爸从后备厢搬出一架大双筒望远镜，拿出一个摄影包，若干器材配件。他把望远镜在平地上摆好，开始进行组装和调试。寒星他们穿好外套，也下车帮忙拿东西。

影月接过妈妈从后备厢取出来的折叠椅，在地上打开。寒星从包里掏出三个星座镜，那是爸爸事先交给他的。每个小伙伴发一个，各自把挂绳套在脖子上，在爸爸那架望远镜调试好之前，他们先用星座镜看星星。

王东陶醉在山区的夜景带来的震撼中，转着圈地把星空扫视了两遍，试图从中辨认出自己知道的星座。猛然在现实的夜空中看到这么多密密麻麻的星星，可没书里写的那么容易辨认。就连平时熟悉的星座，这会儿也不知道都藏到哪去了。

“啊，终于找到了，”顺着寒星的喊声，王东和影月望过去，果然，北斗七星像个大勺子，高挂在天空中。

有了北斗七星做参照，他们总算知道了东南西北各在哪边。适应了黑暗，眼睛能看清的星星变得越来越多。这时，寒星爸爸说：“调好了，来看彗星吧。”三个小伙伴赶紧凑了过去。

在望远镜里，彗星拖着长长的尾巴，看起来毛绒绒的。

寒星试了试，用肉眼也能看得见。但在广阔的夜空中，彗星乍一看，小小的，不显眼，再加上周围还有一些薄云，时不时跑过来遮挡住它，很容易一不留神就找不见了。

忽然，寒星注意到彗星东边那片天空中稍微高一点儿的地方，有一大片浅蓝色的波纹，不仔细看甚至都不会注意到。他赶紧将这个不经意的发现告诉了爸爸。

爸爸转过身，盯着那个方向仔细看了看，果然在深色的天空中有一片浅浅的蓝色波纹。快到四点了，夏夜的太阳再过一会儿就要升起来了。不仔细看的话，会以为那些浅蓝色的波纹只是黑夜正在变亮的效果。寒星爸爸盯了半天，自顾自地嘀咕了一句:“不应该啊。”

“爸爸，你说什么不应该？”影月的耳朵可好着哪，她从不放过爸爸的每一次嘀咕。

“这些浅蓝色的波纹，按照现在这个时间点，和它们在天空中的高度来判断，很像夜光云。可是，在咱们这个纬度，应该见不到夜光云。嗯，不应该。”

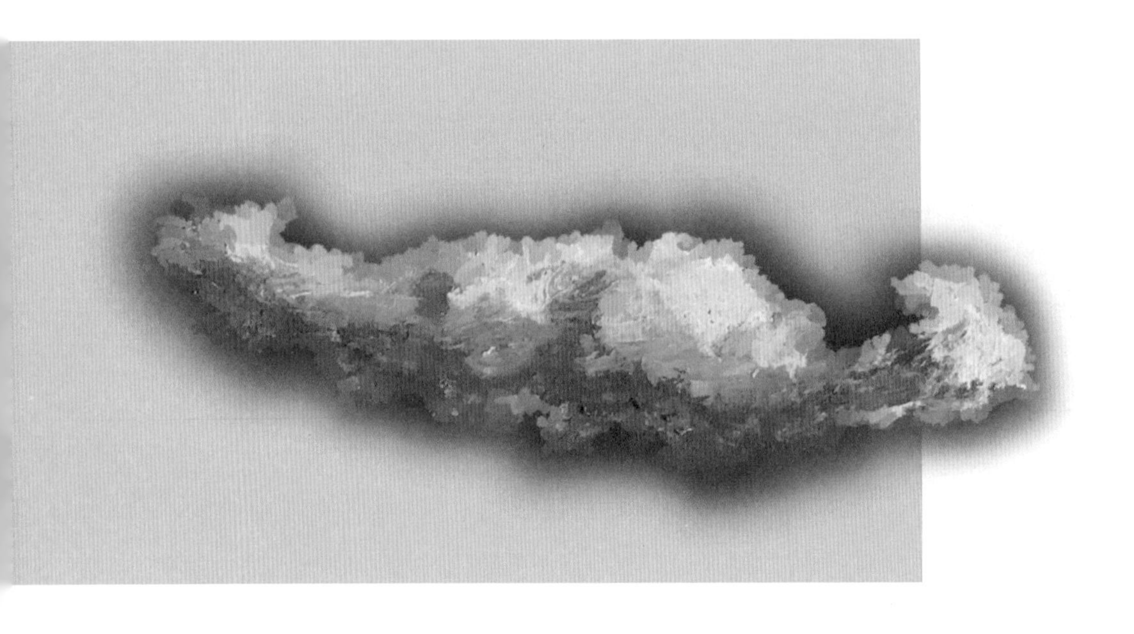

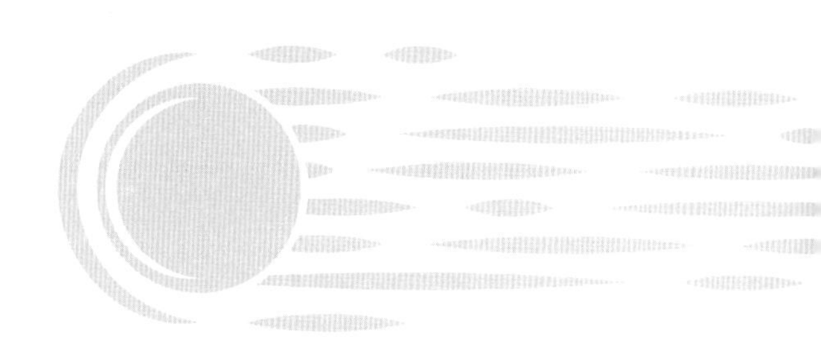

“叔叔，夜光云是夜里会发光的云吗？”听到寒星爸爸的介绍，王东也努力瞪大眼睛盯着那片天空看，但他感觉那些叫夜光云的波纹并不特别，也十分不明显。

“可以这么说。夜光云的名字在拉丁语里的意思，就是在夜里闪耀。试想一下，天空全黑时，一大片蓝白色的涟漪飘在高空中，那效果多梦幻！更特别的是，这种云比地球大气层里所有的云都要高，也就是说，它是地球大气层里最高的云。”

“爸爸，你说不应该出现在这里，那应该出现在哪里？”寒星问。

“以前都是出现在纬度高于 50 度的地方，夏天的夜里容易看见。

“曾经有消息说，有人在纬度低于50度的地方看到了夜光云，大家都觉得不可思议。没想到今天咱们看彗星还有这个额外惊喜，只是效果没有那么震撼。这样吧，我来拍几张照片，回去用电脑处理一下，到时咱们再好好欣赏。”说着，寒星爸爸鼓捣起了相机。

凌晨四点多，墨蓝色的天空和远山之间，渐渐泛起了红色。远处村庄里的公鸡开始打鸣。等寒星爸爸拍完照片，大家便赶紧返程了。

影月没有睡觉，她一路出神地望着东边的天空，过了半晌，忽然说：“妈妈，粉色的天空真好看呀。”

第三章

云与日月

小冰晶像天然的透镜，
光线在里面发生折射和反射，
因此，天空中出现了
各种奇特的光弧和光环。

1

傍晚的草原

忙忙碌碌一个月，总算到了国庆假期。和以往不同，这次假期，寒星家第一次尝试分头行动：影月和妈妈，约了朋友一起去参加苏州的游玩写生；寒星和爸爸，则与王东和他爸爸一起，自驾去内蒙古大草原。

寒星小时候去过苏州，江南的美景和美食都给他留下了难忘的回忆。不过，寒星听爸爸说，内蒙古大草原完全是另一派风光。有机会去看看，寒星自然十分憧憬，这还是他和爸爸第一次自驾去那么远的地方。

从平原到山地，再从山地到草原，沿途风光果然和南方景致截然不同。草原上弯曲的河流，一坨一坨的针茅草，大群的牛和绵羊在路上横穿而过，造成短时间的“交通堵塞”，路边成熟的沙棘果子酸到让王东眯着眼睛流泪……

广阔的草原，让天空中的云景一览无余。寒星爸爸打开车的天窗，只见太阳下方出现了两道彩色的弧线。

“看！彩虹！”王东刚喊出来就后悔了，那儿怎么会出现彩虹呢？而且……形状似乎也不太对。

“上面那个，应该是一截日晕！”寒星说。

“应该就是常见的 22 度日晕。”寒星伸直胳膊，张开五指，比画着日晕的大小。

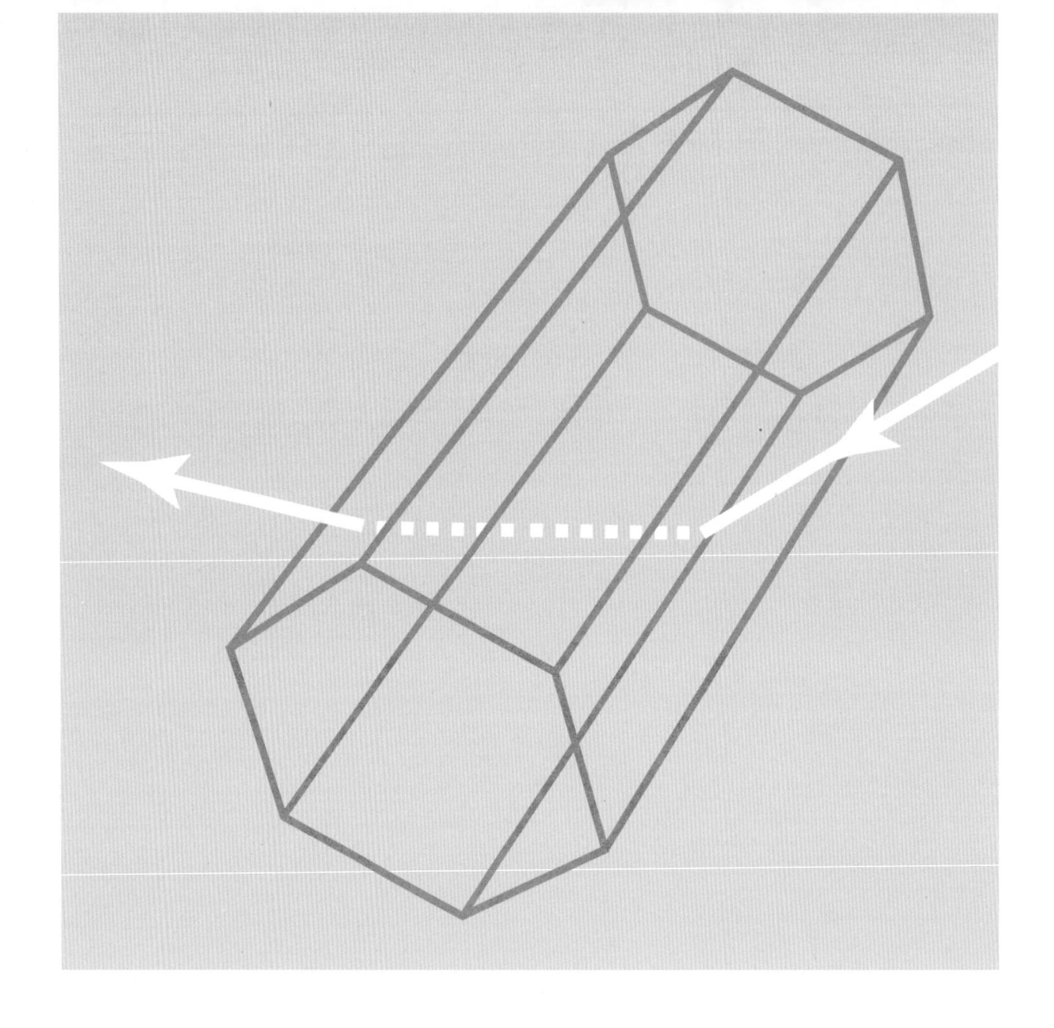

“现在天上有云，而且那些云都是冰晶云，太阳光一照，就形成日晕了。最常见的叫 22 度晕。”寒星爸爸在一旁解释。

“22 度？还有别的度数吗？”王东疑惑地问。

“听说还有三十几度、四十几度的，不过我也没见过。”寒星说。

“底下那是什么呢？它的色彩真鲜艳！”王东忍不住惊叹道。

“那就是环地平弧啦，说来也真神奇，每次来内蒙古草原，都能看到环地平弧。真是幸运啊！”寒星爸爸在一旁笑着说。

很快，他们来到了此行的第一个目的地，草原上一处著名的地质地貌——玄武岩柱状节理。这里的岩石是火山喷发的岩浆形成的，能看到一根根玄武岩石柱，是不可多得的草原地质景观。

停好车之后，他们顺着旁边的山石，沿着一条不太陡峭的路往上走，太阳正在慢慢西沉。

快到六点时，他们爬到了那片小山坡的顶上，找了一处石头坐下来，看太阳向远山后沉去。天边的云彩沉浸在橙黄色的落日余晖中，色泽明艳。偶尔有丝丝缕缕的几片云彩，像灰黑色的纤维飘在近处的天空中。拿着手机正在拍照的王东忽然对寒星说：“快看太阳的上边，好像有一把光剑。”

寒星抬头看去，只见一根明亮的光柱，像是从太阳中心发射出来的，直直地指向太阳上空。

“品相这么好的日柱，可不多见。”寒星爸爸一边说，一边赶紧拍起照来。

2

冰晶与日晕

高空中的薄云里，通常有很多小冰晶。它们可能是六边形薄片，可能是六棱柱，还可能是其他一些不太规则甚至乱七八糟的形态。无数小冰晶飘在空中，朝着不同的方向滚动，在太阳光的照射下，小冰晶像天然的透镜，光线在里面发生折射和反射，因此，天空中出现了各种奇特的光弧和光环。

在这些大气光学现象中，最常见的就是日晕。它看起来像太阳上套着一个巨大的圆圈，内边缘呈淡红色，圆圈和太阳之间的天空区域比圆圈外暗一些。有的时候，云层覆盖范围不够大，就只能形成一部分日晕，我们看到的就会是多半个甚至小半个圆圈。

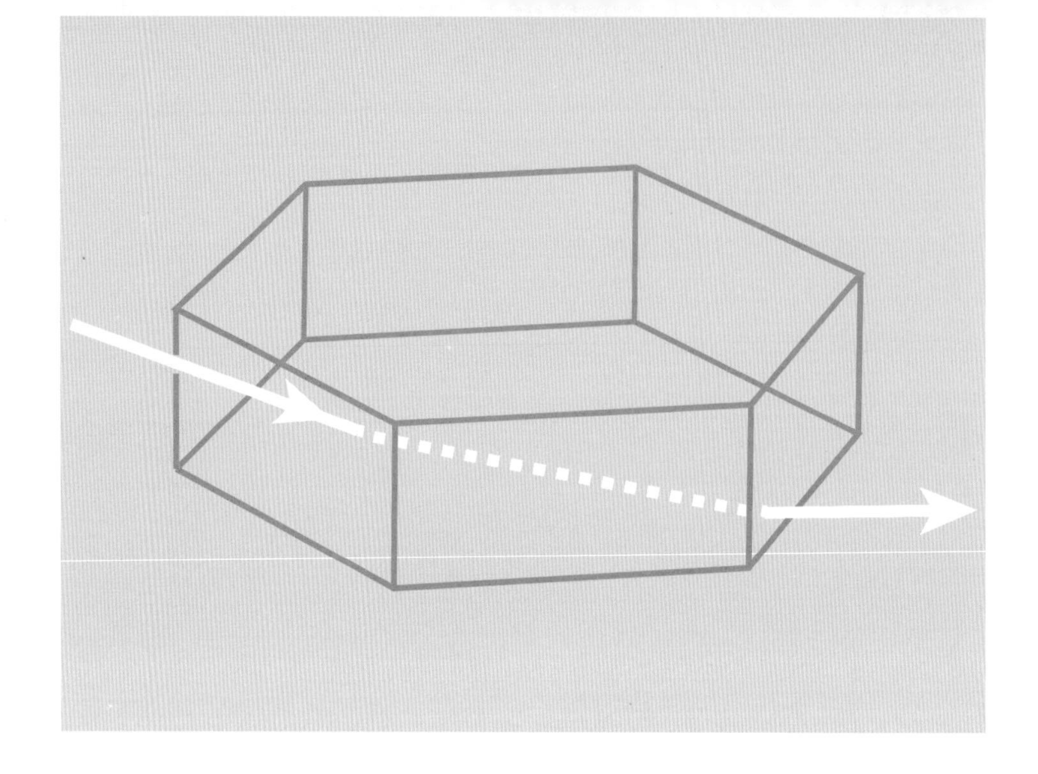

在日晕中，最常见的叫 22 度晕，它在天空中的视角是 22 度。看到日晕时，伸直手臂，张开五指，将大拇指对准太阳所在的位置，如果小拇指正好落在圆圈上，那就是 22 度晕。

形成 22 度晕的冰晶是六角形棱柱，它们折射太阳光的最大角度就是 22 度。如果云中的冰晶像六角形的片状，当它们在天空中像树叶一样飘飘悠悠时，就可能折射太阳光，形成幻日——这时太阳两侧各有一个彩色的斑点，它们的位置，恰好就在 22 度晕的圆圈上，一左一右，和太阳一样高。

如果冰晶不太规整，且太阳在地平线附近，低低的阳光照到冰晶表面发生反射，就会形成日柱——从太阳的位置向上或向下延伸出一道明亮的光柱。

能和云中冰晶共同形成这些大气光学现象的，不只有太阳，还有月亮。晚上看到月亮上套个大圈，就是月晕。我国民间谚语中也有一些跟日晕、月晕相关的说法，最为大家熟知的是“日晕三更雨，月晕午时风”。

日晕和月晕真的能带来刮风下雨吗?

这取决于产生日晕和月晕的是什么云。容易形成日晕和月晕的云，多是卷层云，这种云多半与大范围的天气系统相关联。至于会不会刮风下雨，要看卷层云随后会发生什么样的变化。

卷层云是平时很容易被大家忽略的一种云，薄薄的一层冰晶大范围地铺展在天空中，看上去似乎只是让蓝天稍微变白了一些。这种薄云虽然自身外观朴素，但在制造漂亮的日晕、幻日等光学现象方面，却是最优秀的云。

3

草原的天空

草原就是这样，初见时，你会被它的广袤与温柔感动，兴奋于到处可见的安静吃草的牛群和羊群，但看久了之后，便会感到单调乏味——无论车开多久，眼前的景象似乎都是一样的，无穷无尽。王东爸爸为了让大家保持兴奋，车里一直在播放高亢的草原歌曲，可寒星和王东还是起了浓浓的困意。

“咱们玩个游戏吧，小伙子们。”寒星爸爸突然提议说。

“好啊，怎么玩？”王东一下子来了精神。

“找找看天上有没有你们没见过的云，然后记到你们的本子上。”

“还有我没见过的云？”王东有些不服气。

“那里！那个云好像之前就没见过！”寒星指着窗外，“十点钟方向！”

“呃，像是云戴了一顶帽子？”

“记下来，那是幞（fú）状云，是出现在积云和积雨云顶上的一种云，它是对流和水平气流共同作用的结果。”寒星爸爸说。

“我也发现了一个好玩的云，像一只凤凰。”王东激动地喊道，“那应该是……两点钟方向！”

“哦，那是乱卷云，也可以记下来。”

“那是什么？好像云彩中的小不点儿在排队？”

“那是迭浪云[4]，属于很少见的一种云呢！”

“那里好像有个像飞碟的？”

“哈哈，那是荚状云。”

……

他们搜寻的云彩越来越小，也越来越考验他们的眼力。

在寒星和王东的笔记本上，画满了各种形状、千姿百态的云，这些云让他们联想到许多好玩的东西，有的云旁边还标注了名字。之后的很长时间里，他们还会时不时翻出笔记本，看着当时的画，乐此不疲地回味当时的场景。

4

沙地与积雨云

沙地是什么样的？荒凉？干旱？毫无生机？寒星和王东在没有见过沙地之前也这样想。不过当他们第二天真的进入沙地地带，却发现和他们想象的完全不一样。

从车窗望出去，只见高高低低的沙丘之间，到处都是稀奇古怪的乔木和灌木，似乎沙地里的草也比草原上的草更高一些。忽然，一只草原黄鼠窜过公路，正在开车的王东爸爸急忙减慢了车速。

大家往旁边看去，只见一只狐狸在灌木丛中疑惑地盯着他们，看来是这家伙在追那只黄鼠，黄鼠慌不择路，穿公路而逃。狐狸猛然撞见人，犹豫着要不要冒险继续追。最终，狐狸放弃了，它溜达了几步，一颠一颠地向沙地深处跑去。

“不是说沙漠中很荒凉嘛，这么多动物和植物，怎么也不像荒凉的样子。”王东十分不解。

“这里是沙地，不是沙漠呀。”王东爸爸一边开车一边说。

“沙地是一种特殊的生态环境，别看它看起来比较干旱，其实是个大水库呢！”寒星爸爸接着王东爸爸的话说。

“快看，那边下雨了！”寒星用手指着窗外的远处喊道。

果然，远处有一块天空暗了下来，准确地说，是上面的云彩长成了一朵大蘑菇，下面隐约垂着一些丝丝缕缕的东西。唰！一道闪电划过，接着传来隐隐的雷声。

“云生胡子雨，你们看，草原上的积雨云多漂亮啊！”寒星爸爸感叹道，“要是再晚一些，太阳再低一些，就会出现彩虹了。”

草原上的天气真是瞬息万变，那片胡子云不一会儿就飘过来了，带着噼里啪啦的雨点，把车窗打得模糊不清。公路的地面很快就湿了，路边沙地的颜色也变成了褐色。为了行驶安全，王东爸爸找了一处平缓路段，把车慢慢开下公路停下。外面风雨大作，刹那间昏天黑地，他们躲在车里，等待雨停。

“雨很快就会停吗？”王东有些着急。

“夏天草原的雷雨来得快，走得也快。我估摸着下不了太久，你们看那边。”王东爸爸指着远处的地平线，那正是这朵积雨云刚才飘过来的方向。现在，那里露出了一道清澈的浅蓝。

过了二十多分钟，雨渐渐小了。再看头顶，被雨水洗刷过的天空似乎比刚才还要透明。

“来，下车看看！”王东爸爸招呼大家走出车门，来到刚刚下过雨的沙地。脚踩在沙地上，完全没有绵软的感觉，反而有些硬邦邦的，沙地表面也看不到什么积水，“你们猜猜看，刚下的雨都去哪儿了？”

“我知道，”王东说，“雨水让沙子吸收了，进入地下啦！”

“没错，”王东爸爸说，“沙地是个大水库，根本不缺水，雨水可以快速渗入地下，形成地下湖泊。那些榆树和各种灌木，就靠地下水生活。而在草原上，雨水没有那么快渗入地下，只是形成地表径流，等被太阳曝晒，又快速被蒸发到空气中。所以草原没有那么多水，浇不起树，只能长草啦！”

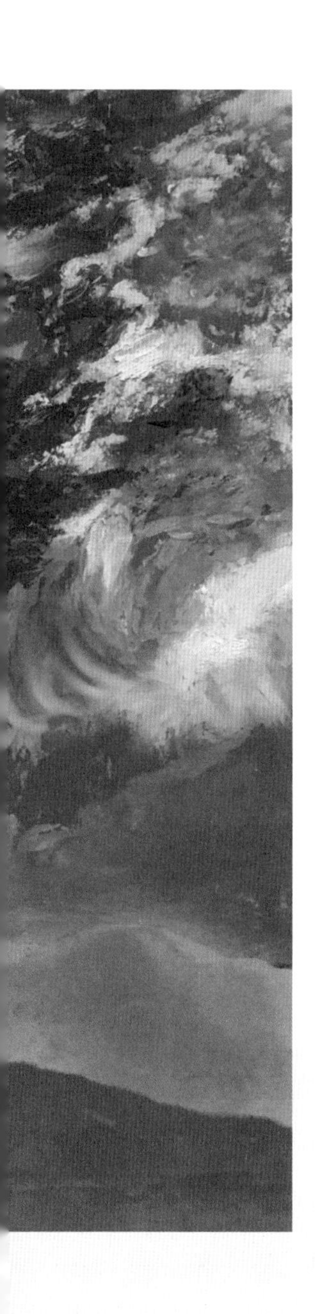

趁着雨后沙地湿硬，他们决定进行一次短途的沙地徒步。没走一会儿，就在沙丘深处发现了几个小水泡子，水面映着湛蓝的天空和棉花般的白云。几只水鸟迈着纤细的腿，把天空和云彩倒映在水中的画面弄出一圈圈波纹。

他们找了个地方坐下来。寒星和王东拿出双筒望远镜，观察着不远处的水鸟。不知不觉中，太阳渐渐低了，阳光透过云彩间的缝隙洒下一道道光柱。沙丘上，光影斑驳而快速地变化着。与在城市不同，在这里，人们似乎拥有了整片天空。

第四章

彩色天空

红云越来越少，
天色越来越暗。
火烧云落幕，
路灯亮了。

1

火烧云

国庆之后，大家很快投入到紧张的学习和工作中。暮秋的草木颜色，开始增添越来越多的黄色。空气湿度渐渐降低，清晨和傍晚的枝叶上有时会挂着露珠。时不时下起来的小雨，也使温度渐渐变低了。

一天下午，妈妈接寒星和影月放学，距离小区门口还有二三百米时，妈妈注意到，西边天空有一大片毛卷云正在肆意狂舞。太阳西沉，低处的云已经染上了一点儿金色和橙色。

“稍等一下，我拍几张照片。”

“又要拍照，还说爸爸有职业病呢。”影月见怪不怪地嘀咕着。

每到这种时候，妈妈拍起照片来总嫌不够似的，拍完西边，又转向东边拍。寒星和影月在一旁等着，索性讨论起路边车上的图案。

妈妈忽然招呼他们：“你们俩快来看，东西边的云彩，颜色可不一样啊。”

寒星和影月扭头一看，也就几分钟的工夫，西边天空的颜色竟然变得分外鲜明，金色和橙色的云又明亮又鲜艳，而东边天空的云，却粉红粉红的。西边道路的北侧，有一栋写字楼，朝南的一块块玻璃如同镜子一般，映照出红色、橙色和黄色的云，像一个巨大的固体水彩颜料盒。

“咱们这是偶遇了一场火烧云！”妈妈提醒他们。

“这个就是火烧云吗？我们三年级语文书里学过，大白狗变成红的了，红公鸡变成金的了，小白猪变成小金猪什么的……”寒星还记得课文里的句子。

“今天的火烧云没有你们书里写得那么壮观，不过也挺不错。你们俩留意看，一会儿变成什么颜色。”妈妈对寒星和影月说。

在书里读到的场景，一旦亲眼看见，就会瞬间变得更加真实。寒星和影月在上学和放学路上看到过彩色的天空，尤其是朝霞和晚霞。他们还看过傍晚时的维纳斯带，那是东方低空的一条粉色光带，维纳斯带下方有时能看到地影。有一天早上，在去学校的路上，他们还看到天空中出现了两大朵粉色的棉花糖，那是太阳升起前，荚状云被低空的光染成了粉色。但即便“如此经验丰富”，像今天这样的火烧云，他们确实还不曾遇到过。

在三年级语文书里学到《火烧云》[5]那篇课文时，寒星他们班同学都被课文里写的那些句子逗乐了。在作家萧红的笔下，出现火烧云的时候，云朵仿佛全都变成了彩色小动物，在天空中嬉戏玩耍，七十二般变化。

今天没有彩色小动物，但天空的颜色变化确实像书里写的一样。太阳落到了楼房的后面，西边天空的金色渐渐消失，低空的云彩变得越来越红。很快，只有临近地面的一点儿云还是红彤彤的，半空的薄云则变得宛如一层黑纱。红云越来越少，天色越来越暗。火烧云落幕，路灯亮了。

回家吃完晚饭，影月迅速把作业写完了。她的小心思揣了一路了，她让妈妈把哥哥的旧课本找出来，她也想读读那篇《火烧云》。

2

霞云

清晨，太阳跃出地平线的过程，并不是像小朋友那样一蹦老高。那段时间，太阳光要在大气层中穿过很长一段距离。太阳光里的蓝光，大多都被大气散射掉了，剩下的红光，将天空和云层都染成红色，这就是朝霞。

日出前是朝霞颜色最深的时候，这时的太阳光在大气层中穿行的距离最长，我们因此有机会看到浓郁的红色天空。太阳升起后，给天空加入了金黄色，朝霞就变成橙色，甚至金色的了。

天空出现朝霞，往往说明大气中的水汽已经很多，云层开始侵入本地区。如果云层持续增厚，后续可能会发展成降雨，所以我国有一句民间谚语说“朝霞不出门，晚霞行千里”。

与朝霞相对应的晚霞是日落前后的景象，天空中呈现出金色、橙色、红色的明媚霞彩。和朝霞一样，蓝光被散射得很厉害，红光被更多地保留下来。“云染霞彩”是傍晚时分非常壮丽的天空景观。

想要知道傍晚会不会遇到晚霞，有一个推测的小方法：白天时，如果看到头顶上方的天空有云彩，但西边的天空很干净，那么在傍晚时遇到晚霞的概率就会比较高。

3

维纳斯带

日出前或日落后，太阳对面的低空中可能会出现一道粉红色的光带，这就是维纳斯带。在我国北方地区，每年十一、十二月份，大气透明度比较好的时候，很容易看到维纳斯带。

19 世纪时，英国有一位观测者注意到了天空中的这道光带，并给它起了这个浪漫的名字——维纳斯带。在西方神话中，爱神维纳斯有一条魔力腰带，天上的这道粉红色光带也好像有魔力一般。

日出前或日落后，泛红的太阳光照射在空气中细小的颗粒上，发生散射，变化出无比美妙的色彩。

维纳斯带有时会带来附赠品：地影。顾名思义，地影就是地球的影子，它是维纳斯带与地平线之间的一道暗影。太阳落山后，阳光从地平线下照射过来，把地球的影子映照到大气层上，形成这道暗影。秋冬时节，空气干燥，天气晴好的傍晚就很容易看到地影。

天空中有维纳斯带和地影的时候，如果能找到一片视野开阔的地方，周围没有建筑物的遮挡，那么太阳正对面的天空中，地影的高度最高，并且从最高点向南北两侧略微倾斜地延伸出去。之所以呈现这样的特征，是由地球的形状决定的。

第五章

观云之趣

天上的积云，
每一团都长得不一样，
它们是人类发挥想象力的绝佳舞台。

1

台风带来大雨

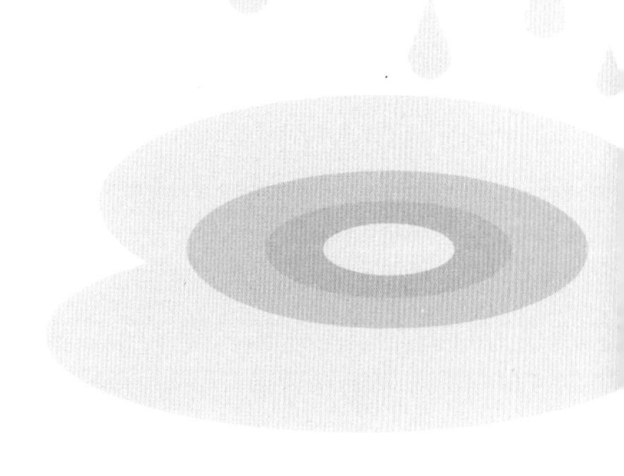

又一个暑假过半，影月收到了一个好消息：小菠萝的妈妈邀请她们一起去上海迪士尼乐园游玩。有了之前国庆节分头游玩的经验，这一次，他们打算继续这个模式。影月、小菠萝选择和她们俩的妈妈去迪士尼乐园玩。寒星、林松则选择和他们俩的爸爸一起去爬山。

迪士尼之行成了只有女孩们的旅行，协调很多事情就变得简单多了。小菠萝妈妈帮大家订好高铁票，大家把该带的东西准备好，只等日子一到就出发。

8月初的上海，天气变幻不定。为了应对随时可能出现的恶劣天气，带雨具成了两个小伙伴要牢牢记住的重要事情之一。

高铁上的时间过得很快，抵达上海时已是下午，她们四人办好入住，在宾馆附近吃了晚餐，便回去休息了。第二天一早，她们赶着迪士尼刚开门就进场了。天空一片湛蓝，天边有一些积云和层积云。蓝天白云和城堡一起倒映在附近的水面上，很像西方油画里的景观，很多游人在那里拍照。不过，这一天的空气湿度似乎特别大，明明穿着短袖，却一点儿都不觉得凉快。

游玩顺序事先已做过规划，影月和小菠萝优先挑选了女孩们都爱选的那几个项目，不过，有的项目要排长队，要不是有小伙伴一起，在烈日下等待真是令人烦躁。好在游玩项目很精彩，她们还看到了壮观的花车巡游。午餐她们选了草莓熊套餐，吃得非常开心。跟米奇拍完合影后，小菠萝妈妈给她们一人买了一根米奇雪糕。从店里出来，她们发现外面的天空变了颜色，灰白的云层悄悄地增厚了。不一会儿，一些暗色的云迅速飘过来，形状变来变去。二十分钟后，开始噼里啪啦地落下雨点来，很快就达到了中雨的级别，游人纷纷撑起了伞。这一切发生得如此之快，就像有人给天幕上播放的剧目加了几倍速一样。

“咱们到商店转转，买点东西，然后就得去地铁站了。”小菠萝妈妈说。

买完东西出来，雨下得更大了，还刮起了风，雨伞只能护住脑袋。她们赶紧买了雨衣，四人一人一件，穿好雨衣往地铁赶去。刚上地铁，手机上就收到了消息，提示台风即将登陆，并带来大雨。等她们到虹桥高铁站时，大屏幕上发布了二十多趟列车停运的信息，幸运的是她们的车次不在其中。就这样，她们赶在大雨到来前坐上了回程的高铁。

“刚才这一路，感觉在跟台风赛跑”小菠萝气喘吁吁地说，大家纷纷表示赞同。

2

云海与日华

相比女孩和妈妈们的上海风雨之行，男孩和爸爸们的爬山活动，天气条件则好得多。但寒星爸爸预见到山路不好走，对体力的要求比较高，于是早早就带着他们出发了。寒星爸爸说，他读大学的时候来这里玩过很多次，草甸上的野花和昆虫都让他特别感兴趣。林松爸爸特别喜欢植物，山上的各种野花、野草和树木，他差不多都能叫得出名字。

上山的时候，林松爸爸在前面带路，林松和寒星走在中间，寒星爸爸走在最后。开始的山路还比较好走，他们大口呼吸着带有清新草木气味的空气，感觉用不了多久就能到山顶。可是，不知道是不是因为前两天下过雨，走着走着，有些坡路的地面变得十分松软，他们必须小心翼翼地踩实每一步，行进的速度明显慢了。

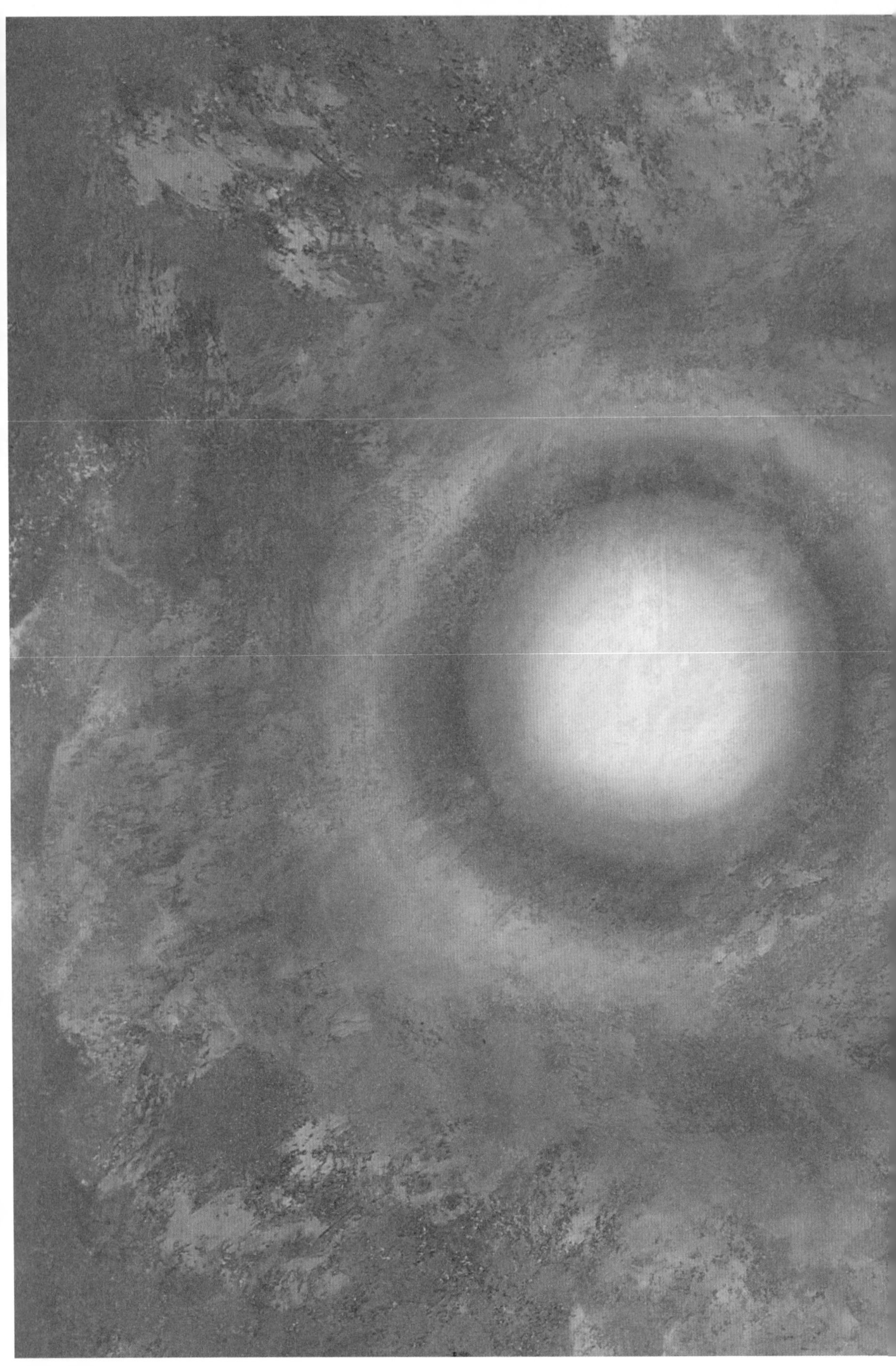

他们走了半晌，终于到了一段比较好走的路上，回头望去，哇，居然已经爬到这么高了。远处的云看上去比山还低。在山上看，天上的云变化飞快，一会儿遮住了太阳，一会儿又迅速跑开。又一朵云遮住太阳的时候，寒星抬头瞅了一眼，咦？怎么太阳周围出现了一圈彩色？中间是蓝白色，外圈发红，和在内蒙古看到的日晕不太一样。

“这是日华。”寒星爸爸说，“云层挡住了刺眼的阳光，但云层不够厚，太阳光照到薄云上，就形成了这一圈彩色。不仅太阳能开成‘华’，月亮也可以。”

“那是不是就叫月华？”寒星问。

“对啦！”寒星爸爸赞许地拍了拍寒星的肩膀。

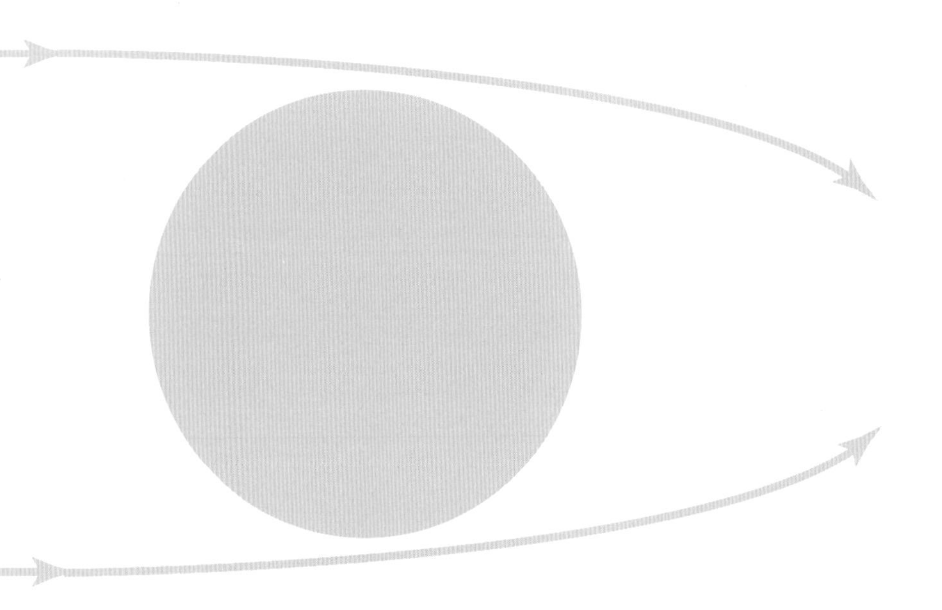

寒星爸爸继续说道：“在我们的同龄人里，有不少人起名会用到‘晔’字，比如李晔、刘晔。这个‘晔’字，就是左边一个‘日’，右边一个‘华’，意思是‘光’。我们有一个朋友叫刘晔。有一次，你妈妈录了一段特别好看的日华发给她。刘晔非常感动。原来，那段时间她刚好遭受了一些打击，看了录像说‘没想到日华这样美丽’。你妈妈也没想到，那段录像能让刘晔开心。名字里的一个字，拆开来能代表这么好看的光学现象，这让刘晔得到了安慰。”

“咱们现在看到的日华，其实很普通。更壮观的叫多重日华，就是太阳周围套着好几个彩色同心环。将来有机会的话，再带你们看。”

光学现象能有这么神奇的作用？大人的烦恼，会因为一段日华录像而消散？寒星和林松还不太能理解。

寒星爸爸接着说：“等头顶这块云一跑走，太阳就会钻出来了。保护好眼睛，可别盯着看了。你们看看低处那些云，连成一大片，虽然不像黄山云海⑥那么壮观，但也可以称得上气势非凡。再看远处那些积云，每一团都长得不一样，它们是人类发挥想象力的绝佳舞台。趁着休息，你们要不要试试，看那些云像什么动物？”

“为啥是动物，不能是别的吗？”林松问。

“都行，不过不能太牵强。”

林松想起上次在草甸上玩，王东说有一朵云像面包，现在他看着天边那些积云，也感觉像各种面包。

快到傍晚时，爬山小分队才返程。等车开到寒星家的小区楼下，天都黑透了。影月和妈妈下楼来接他们。寒星帮爸爸从后备厢取出箱子和背包，便迫不及待地开始和影月分享起他的游玩见闻来。

东边的天空中，月亮映照在薄云上。

“寒星，影月，先别急着上楼，来看看月亮边上的是什么。”爸爸叫住了兄妹俩。

“咦？该不会是月华吧？这么巧！”寒星想起在山上时爸爸说的话。

“确实巧了，就是月华！”爸爸兴奋地说。

“月华？我们三班有个女生就叫月华，李月华。”影月反应倒快。

“哪天你问问她，是不是晚上出生的？没准那天她爸妈看到了月华。”

“简直都成职业病了。”妈妈忍不住大笑道。

爸爸举起手机，录了一段延时影像。在录像里，云如流水般飞弛而过，但那一团彩色始终在月亮周围，只是彩色的边缘形状随着经过的云的不同而发生着变化。

“爸爸，一会你把录像发给林松爸爸吧。”寒星提议道。

“好，一会儿发。现在，得回家收拾书包啦。”

“哥哥，我们白天跟台风和大雨比赛来着！”影月急不可待地和寒星说起了她的迪士尼之旅。

“我们爬到了特别高的山上，看到了日华和云海……”寒星开心地回应着妹妹。

3

长得像什么的云

很多人对天空产生兴趣，就始于儿时在云彩里寻找各种形状和故事。不需要说出云彩的专业名称，也不用管它们是怎样形成的，只需要发挥想象力：看眼前这朵云让你想到了什么？

看云，为人们发挥想象力提供了充分的舞台。看云的过程没有压力，非常放松，只管享受。曾有人做过一项统计，他们收集了成千上万张云彩的照片，调查大家最常在云中看出什么形状。结果显示，是各种动物，最常见的是大象。很多云都容易出现略微弯曲的条状，让人不禁联想到大象的鼻子。

有趣的是，在印度的创世神话里，世界的创立就是在一种白色的、会飞的神象的帮助下完成的，这种神象能为大地带来雨水。

长得像动物的云，主要和我们的想象力有关。但也有一些云因为长得像什么，而获得了专门的名字。

有时，天上会出现一种长得像小浪花的云，它是由开尔文–亥姆霍兹不稳定性⑦引起的。当不同密度的云层上下接触，云层之间流速不同，下方是一层冷空气，上方是一层暖空气，上层空气跑得快，就会让云层卷出浪花来。以前这种云就叫开尔文–亥姆霍兹波云，后来国内的观云爱好者叫它迭浪云。天上的这种小浪花并不常见，且转瞬即逝，所以成了很多爱好者的收集目标。

还有一种稀有的云，名叫马蹄涡。它的外形就像一轮弯弯的月牙，或者说像马蹄铁（又称马掌）。马蹄涡的持续时间通常只有一分钟左右，很快就会蒸发掉。有观云爱好者说："看到这样的云，会忍不住联想到牛角面包。"

4

把云画进画里

赶上主题有趣的画展，寒星一家只要能抽出时间就会去看。最新发布的展览信息显示，附近一所著名大学里的美术馆即将推出主题为“西方风景画400年”的展览。寒星妈妈赶紧填写了预约申请。

看展览这天，寒星和影月例行带上了各自的记录本。以前看过的展览，他们俩比较喜欢的主要是每年的插画展以及一些沉浸式艺术展。说到风景画，他们的兴趣并不是很大，但妈妈说值得一看。

展览精选出十六世纪末期以来比较有代表性的一些画家，按照人物名字将展厅进行了区域划分，有好几个画家的名字，寒星他们以前完全没听说过。那些作品主要绘制的是欧洲的野外风光，时不时有教堂之类的建筑点缀其中。

比较吸引寒星的是一位俄罗斯画家的水彩画，他的画里全都是故乡的景物、故乡的人，场景非常生活化，配色清新自然。

在他的画里，寒星看到了俄罗斯乡野的一年四季，从春天树木新绿，到冬天白雪皑皑。画里的人物都画得很小，他们春天忙着播种，冬天则在雪地里坐着马拉的雪橇，让人感觉很亲切。

最重要的是，那些画面太像寒星他们冬天去姥姥家时看到的景象了，白杨树、小房子、积雪……有一幅画，连影月看了也大感意外，画里是冬日太阳映照下的一个小山坡，山坡覆盖着白白的积雪，坡上长着几棵高高的杨树，杨树边儿有一座小房子，天空中挂着几朵白云，山坡上一道划痕若隐若现。

这个场景，寒星和影月太熟悉了。有一年冬天他们俩去姥姥家附近的公园玩雪，从一个小山坡上滑下来的时候，坡上也有这样的树，天上也有这样的云。

“妈妈，俄罗斯人的故乡，怎么跟姥姥家那么像？”

“是有些像啊。”妈妈也觉得这个画家的作品很像自己故乡的感觉，没想到真有相似度这么高的场景。

寒星妈妈比较喜欢的作品，画的是下过雪的河流。河岸边那些树，局部融化的河面，乍一看很像故乡那条大河。细看当然有很多不同，但那扑面而来的熟悉感，却真真切切。

按照每次看画展的习惯，影月会挑选出一幅作品，在自己的本子上照着画一画。画风景太难了，挑来挑去，她选了一幅看上去特别简单的作品：画面底部用绿色涂了窄窄的一条，表示草地；天空中飘着几朵大小不同的云。除此之外，就没别的了。而那些云，也很好画，椭圆形，上面带一些花边凸起。

影月在本子上试了试，很快画完了，但她让哥哥看的时候，寒星问："为什么你画了这么多饺子？"

"哼，哪是饺子？你到底懂不懂画啊！"影月很生气，决定再不给哥哥看自己的绘画本了。

妈妈听到他们俩的对话，觉得很有趣，就对寒星说："你去找找影月画的是哪幅画。"

寒星有些不情愿，但还是乖乖地去找了。他知道妹妹在哪幅画跟前取出了防潮垫坐着画了半天，当时他看了，那不过是一幅很普通的画，所以简单瞅了一眼就走开了。

再回去一看，咦？那幅普通的小画里，一朵一朵的白云，轮廓看着还真像饺子。不过，画家用的颜料是水彩，用不同的颜色来展示明暗关系，所以游客一看就能认出那些是云朵。但影月的画用的是马克笔描边，乍一看就认不出是云朵了。寒星赶紧去跟影月说了自己的发现，影月这才原谅了哥哥。

妈妈提议说："既然你们俩都对这个饺子云感兴趣，咱们中午就去附近的那家饺子馆。"

“太好啦！”寒星没想到自己的一个玩笑到最后还能换来一顿美味的饺子大餐。不过此时此刻，他有预感，妈妈又要给他们讲云彩知识了。果然，只听妈妈说道：“画里这种饺子云，就是你们熟悉的积云。积云的顶上，容易有这种凸起。在很多画里，云彩都是重要的装饰，不管是中国的山水画，还是西方的风景画，甚至西方教堂里的壁画，都少不了云。不过，艺术作品里的云，既然是装饰，就不一定非要那么精准。所以，不少绘画作品里会出现一些压根不可能有的云。”

“但……有一位画家不同，他是英国的约翰·康斯太勃尔[8]，这个画家真的是按照自己看到的云彩模样写生的。他还画过天空中出现的两道彩虹，画过太阳光穿过云层缝隙照向大地。他那些画，不仅是风景画，更是19世纪英国的天空实录。据说，有人看了他画里即将下雨的云，出门时竟然忍不住想要穿上大衣、带上雨伞。”

“如果你俩有兴趣，我买过他的作品集，晚上找出来给你们看。”

寒星和影月忙不迭地点头，但此刻，他们俩的心思已经飞到饺子馆那里去了。

补充注释

① **国际气象大会** 也称世界气象大会，起源于 1873 年维也纳国际气象大会，如今是世界气象组织的大会和最高决策机构，每四年召开一次会议。P24

② **折射** 光波从一种介质传播到另一种介质中时，传播方向相对于入射方向发生改变，这种现象就是折射。P43

③ **《国际云图》** 世界气象组织下属的云与降水研究委员会编辑的图集，主要用于展示云和天气现象。P57

④ **迭浪云** 也称波涛云，是一种云彩附属特征，看起来像破碎的波浪。这种云比较罕见，存在时间也极为短暂，其卷曲的形状通常只能持续三四分钟，随后就会破碎掉。P93

⑤ **《火烧云》** 部编版三年级下册语文课文之一，选自作家萧红（1911—1942）创作的长篇小说《呼兰河传》。P108

⑥ 云海 云层沉于某一高度下，形成一大片好似大海般的景观，容易在山地出现。根据高度不同，通常可分为层云云海、层积云云海和高积云云海。如果云海上方没有其他比较厚的云层，日出之后云海通常会渐渐消散。P133

⑦ 开尔文—亥姆霍兹不稳定性 在有剪切速度的流体内部发生的一种不稳定性现象，常见于地球上的云彩、海洋以及木星的大红斑和土星的云带中。因先后被德国物理学家赫尔曼·冯·亥姆霍兹和英国物理学家威廉·汤姆逊（即开尔文勋爵）发现并解释而得名。P142

⑧ 约翰·康斯太勃尔 生于 1776 年，英国水彩画巨匠，19 世纪最伟大的风景画家之一。作品艺术视角独特，描绘手法细腻，能将瞬息万变的自然景象真实生动地呈现出来，其绘画理念与技法对巴比松派与印象派画家都产生了重要的影响。P151

图书在版编目（C I P）数据

仰望天空的少年. 去山野间看云 / 王燕平，张超著；
陈日红绘. -- 北京：北京科学技术出版社，2025. 3
ISBN 978-7-5714-3603-2

I. ①仰… II. ①王… ②张… ③陈… III. ①天文学
—少儿读物 IV. ① P1-49

中国国家版本馆 CIP 数据核字 (2024) 第 025264 号

策划编辑：郑先子
责任编辑：郑宇芳
责任校对：贾　荣
封面设计：陈　慧
图文制作：陈　慧
营销编辑：赵倩倩
责任印制：吕　越
出 版 人：曾庆宇
出版发行：北京科学技术出版社
社　　址：北京西直门南大街 16 号
邮政编码：100035
电　　话：0086-10-66135495（总编室）
　　　　　0086-10-66113227（发行部）
网　　址：www.bkydw.cn
印　　刷：北京顶佳世纪印刷有限公司
开　　本：700 mm X 1000 mm 1/16
字　　数：100 千字
印　　张：9.75
版　　次：2025 年 3 月第 1 版
印　　次：2025 年 3 月第 1 次印刷
ISBN 978-7-5714-3603-2

定　　价：48.00 元

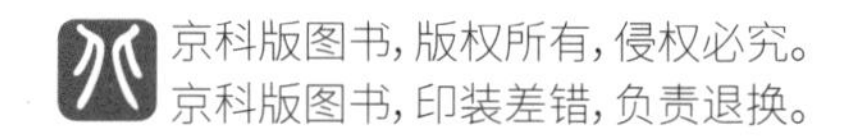
京科版图书，版权所有，侵权必究。
京科版图书，印装差错，负责退换。